BEI GRIN MACHT SICH IHR WISSEN BEZAHLT

- Wir veröffentlichen Ihre Hausarbeit, Bachelor- und Masterarbeit

- Ihr eigenes eBook und Buch - weltweit in allen wichtigen Shops

- Verdienen Sie an jedem Verkauf

Jetzt bei www.GRIN.com hochladen und kostenlos publizieren

Impressum:

Copyright © 2008 GRIN Verlag, Open Publishing GmbH
Druck und Bindung: Books on Demand GmbH, Norderstedt Germany
ISBN: 978-3-656-90681-0

Dieses Buch bei GRIN:

http://www.grin.com/de/e-book/293033/die-besondere-rolle-von-lebensmittelzu-
satzstoffen-fuer-adhs-patienten

Kristina Bergmann

Die besondere Rolle von Lebensmittelzusatzstoffen für ADHS-Patienten

GRIN Verlag

Die besondere Rolle von Lebensmittelzusatzstoffen für ADHS-Patienten

Vorgelegt von:
Kristina Bergmann

Inhalt

1. Die besondere Rolle von Lebensmittelzusatzstoffen

1.1. Hypothese

Im Verlauf dieser Arbeit soll auf die Rolle von Lebensmittelzusatzstoffen für ADHS-Patienten eingegangen werden. Hierbei wird unter anderem auf die Isle-of-Wight-Studie, sowie auf die Southampton-Studie eingegangen.

Die folgenden Ausführungen basieren teilweise auf der Hypothese Feingolds, dass bestimmte Lebensmittelzusatzstoffe hyperaktives Verhalten bei Kindern auslösen können. Der wesentliche Unterschied zur Feingold-Hypothese besteht darin, dass Salicylaten aus der Nahrung hier keine Bedeutung mehr zugeschrieben wird. Die folgenden Abschnitte beziehen sich auf Metaanalysen und klinische Studien der letzten 10 Jahre und auf die aktuelle wissenschaftliche und öffentliche Diskussion in Bezug auf bestimmte Zusatzstoffe. Ergebnisse und Ereignisse werden chronologisch wiedergegeben, so dass sich inhaltlich ggf. einige Wiederholungen ergeben.

1.2. Metaanalysen zu adversen Effekten

Bereits seit 1990 ist bekannt, dass von ADHS betroffene Kinder oft einen niedrigen Zinkspiegel im Blut aufweisen, der bei Aufnahme von Tartrazin (E102) weiter absinkt, während Zink vermehrt renal ausgeschieden wird. Eine Chelatbildung zwischen Azofarbstoffen wie Tartrazin und Gelborange S wird als Ursache vermutet. Azofarbstoffe hemmen die intestinale Enzymaktivität, was zur Malabsorption von Nährstoffen führen kann. Auch wenn Azofarbstoffe und Verhaltensänderungen bei hyperaktiven Kindern anscheinend zusammenhängen, sind die Gründe dafür unbekannt (FHF 2008).

Im Jahr 2004 veröffentlichten Schab und Trinh eine quantitative Metaanalyse doppelblinder, placebokontrollierter Studien, die Zusammenhänge zwischen <u>AFCs</u> (artificial food colors, künstliche Lebensmittelfarbstoffe) und Hyperaktivität bei Kindern untersucht haben. Es ergab sich eine Primäranalyse 15 doppelblinder, placebokontrollierter Provokationsstudien (Crossover-Design) mit insgesamt 219 Teilnehmern und eine Sekundäranalyse weiterer 8 Studien (auch offene Designs) mit 132 Teilnehmern. Tartrazin (E102) und/oder verschiedene Mischungen von AFCs wurden Kindern u. a. in Form von Pillen oder Keksen verabreicht. Die Höhe der

Dosis variierte stark und wurde teilweise in mehreren Einzeldosen über den Tag verteilt aufgenommen (Schab und Trinh 2004).

Wird der Reaktivität auf AFCs der hyperaktiven Kinder eine Normalverteilung zugrunde gelegt, entsprach die durchschnittliche Reaktion bezüglich des hyperaktiven Verhaltens einem Anstieg von der 50sten auf die 61ste Perzentile. Kinder mit zuvor diagnostizierter ADHS zeigten adverse Reaktionen in ihrem Verhalten, die bei nicht-hyperaktiven Kontrollgruppen seltener auftraten (Schab und Trinh 2004).

Für die ausgewerteten Studien müssen eine Reihe von Beschränkungen in Betracht gezogen werden, die zu Verzerrungen der Ergebnisse geführt haben könnten: Crossover-Designs sind nur dann geeignet, wenn Effekte zwischen Perioden der Verabreichung nicht fortbestehen. Die Dauer von Effekten variierte bei Individuen zwischen 3 Tagen und 3,5 Wochen. Verschiedene Autoren vermuteten, dass selbst die teilweise durchgeführten zwischenzeitlichen Auswaschperioden zu kurz gewesen sein könnten, um eine zeitliche Verschleppung von Effekten auszuschließen. Lern- und Aufmerksamkeitstests wurden möglicherweise nicht in einem angemessenen zeitlichen Abstand nach der Verabreichung der AFCs durchgeführt. Die meisten Studien arbeiteten mit Dosierungen, die unterhalb der durchschnittlichen Exposition bei der üblichen Ernährung von Kindern lagen. Die Verwendung von AFCs in Lebensmitteln hat sich in den Jahren zwischen 1955 und 1998 mehr als vervierfacht (Schab und Trinh 2004).

Der Quarter-Century-Review des Center for Science in the Public Interest aus dem Jahr 1999, der einen Überblick über 23 kontrollierte Studien gibt, fand darunter 17 Studien, bei denen einige Kinder signifikant advers auf den Verzehr bestimmter Lebensmittelzusatzstoffe oder bestimmter Lebensmittel reagierten. Hier wird darauf hingewiesen, dass negative Effekte umso stärker auftraten, je höher AFCs dosiert wurden (Jacobson und Schardt 1999).

In einer Studie mit Kindern, die nach elterlicher Einschätzung mit verändertem Verhalten auf Tartrazin, Benzoesäure und andere Zusatzstoffe reagierten und deshalb Feingolds F-D-Diät praktizierten, zeigten sich nach Provokation mit einer einzelnen hohen Dosis (300 mg) von jeweils Tartrazin oder Benzoesäure bei keinem Kind Effekte (Jacobson und Schardt 1999). Werden diese Ergebnisse zueinander in

Bezug gesetzt, sprechen sie für eventuelle <u>akkumulative Effekte</u> von AFCs (Jacobson und Schardt 1999).

Auch der Quarter Century Report kritisiert Limitierungen bezüglich der Studiendesigns. So wurden in manchen Studien Schokoladenkekse als Verum bzw. Placebo verwendet, während sich Schokolade in anderen Untersuchungen als Lebensmittel, das adverse Reaktionen provozieren kann, erwiesen hat. Außerdem gingen dadurch, dass Kinder, bei denen im Vorfeld starke Reaktionen zu erwarten waren, wegen Bedenken gar nicht erst teilnahmen und dass solche, die nach Provokationen starke Symptome entwickelten, ihre Teilnahme abbrachen, mögliche Responder verloren (Jacobson und Schardt 1999).

Insgesamt sprechen die Ergebnisse deutlich für einen Zusammenhang zwischen der Aufnahme von AFCs und Hyperaktivität. Damit verdichtete sich der Verdacht, dass einige weit verbreitete Zusatzstoffe durch ein neurotoxisches Potential gekennzeichnet sind. Als für die Zukunft gestecktes Forschungsziel gilt es, eine verbesserte Identifikation von <u>Respondern</u> zu sichern (Schab und Trinh 2004, Jacobson und Schardt 1999). Die Frage nach dem Wirkungsmechanismus - ob es sich eher um ein allergisches oder ein pharmakologisches Geschehen handelt - bleibt unbeantwortet. Bei Tartrazin (E102) ist laut Schab und Trinh (2004) beides möglich. Eine nachgewiesene Sensitivität wachsender Ratten wirft die Frage auf, ob AFCs in der Entwicklung begriffene Organismen anders beeinflussen als ausgewachsene. Schab und Trinh (2004) fordern, dass die Abschätzung der auf das Verhalten bezogenen Toxizität fester Untersuchungsgegenstand bei der Überprüfung von Lebensmittelzusatzstoffen werden sollte.

Wie viele Kinder mit Verhaltensproblemen auf bestimmte Lebensmittel oder Zusatzstoffe empfindlich reagieren, bleibt unklar. Die Studien sind sowohl im Design als auch in der Auswahl der Probanden zu unterschiedlich angelegt, um eine Gesamtbewertung abgeben zu können. C. Keith Conners, der selbst bei vielen dieser Studien federführend war, kommentierte die inkonsistenten Ergebnisse mit dem Hinweis, das Problem sei schon dann signifikant, wenn überhaupt irgendwelche Kinder auf Zusatzstoffe mit verschlechtertem Verhalten reagierten (Jacobson und Schardt 1999).

1.3. Die Rolle des Konservierungsstoffs Propionat

Eine wenig beachtete doppelblinde, placebo-kontrollierte Crossover-Studie aus Australien hat Effekte des Konservierungsmittels Calciumpropionat (E282) bei 27 Kindern mit ADHS, bei denen zuvor schon eine Überempfindlichkeit gegen andere Lebensmittelzusatzstoffe vermutet worden war, untersucht. Einzelfallbeschreibungen und eine vorangegangene Studie hatten entsprechende Hinweise geliefert. (Dengate und Ruben 2002). Calciumpropionat ist in der EU für abgepacktes Brot und weitere abgepackte Backwaren zugelassen (Bundesverband Verbraucherinitiative e.V. o. J.).

Das Verhalten der Kinder wurde anhand eines speziell für Provokationen mit Lebensmittelzusatzstoffen entwickelten Eltern- und Lehrerfragebogens beurteilt. Sie führten zunächst für 3 Wochen eine Eliminationsdiät durch, die Feingolds K-P-Diät entsprach, woraufhin sich das Verhalten aller Kinder signifikant verbesserte. Nach anschließender Provokation mit Calciumpropionat aus Brot an drei aufeinander folgenden Tagen verschlechterte sich das Verhalten bei 52% der Kinder. Als weitere Effekte traten bei einigen Kindern Magenschmerzen, Kopfschmerzen, häufiger Harndrang und Bettnässen auf (Dengate und Ruben 2002).

Die Autoren vermuten, dass Ablenkbarkeit, Rastlosigkeit, Unaufmerksamkeit und Schlafstörungen mit der Aufnahme von Propionat in Verbindung stehen und schlagen vor, die Konzentrationen, die Lebensmitteln zugesetzt werden, zu minimieren (Dengate und Ruben 2002).

1.4. Die Isle of Wight-Studie

Die beiden im Anschluss diskutierten DBPCFC-Studien führten zu einer Kaskade von Reaktionen und weiteren Veröffentlichungen - neuerdings auch zur Verbreitung von Warnhinweisen für Konsumenten von offizieller Seite.

Eine doppelblinde, placebokontrollierte Provokationsstudie (DBPCFC, n=277) der Universität Southampton wurde von der Food Standards Agency (FSA) gefördert. Die FSA ist eine unabhängige Regierungsstelle, die sich mit dem Schutz der öffentlichen Gesundheit und der Wahrnehmung der Interessen von Konsumenten in Großbritannien beschäftigt. In dieser so genannten Isle of Wight-Studie wurde der Einfluss einer Mischung von AFCs mit dem Konservierungsstoff Natriumbenzoat (E211) auf hyperaktives Verhalten 3-jähriger Kinder aus der Allgemeinbevölkerung getestet. Zusätzlich wurden Kinder, die unter atopischer Dermatitis litten und häufig hyperaktives Verhalten zeigten, getestet (Bateman *et al.* 2004).

Die Dosis betrug 20 mg/d AFCs zuzüglich 45 mg Natriumbenzoat (E211). Die AFC-Mischung setzte sich aus Tartrazin (E102), Gelborange S (E110), Azorubin (Carmoisin, E 122) und Cochenillerot A (Ponceau 4R, E124) zusammen. Diese Farbstoffe werden häufig für von Kindern favorisierte Lebensmittel wie Erfrischungsgetränke, Süßigkeiten, Gebäck und Speiseeis verwendet. Alle teilnehmenden Kinder erhielten zunächst eine Woche lang eine Kost, die frei von den genannten Zusatzstoffen war. Im Anschluss erfolgte nach dem Zufallsprinzip eine Provokation mit AFCs und Benzoat in Form eines Getränks bzw. die Verabreichung eines Placebo-Getränks über einen Zeitraum von 3 Wochen (Bateman *et al.* 2004).

Während der anfänglichen Eliminationsphase zeigte sich bei allen Kindern eine Verminderung hyperaktiven Verhaltens. Danach wurden seitens der Eltern signifikante Steigerungen hyperaktiven Verhaltens bei den Kindern, die das Verum verzehrt hatten, beobachtet. Diese Effekte traten unabhängig sowohl von vorher diagnostizierter Hyperaktivität als auch von atopischer Dermatitis auf. Jedoch konnten objektive klinische Verhaltenstests das elterliche Urteil nicht bestätigen, da sich hier keine signifikanten Unterschiede zwischen den Gruppen fanden (Bateman *et al.* 2004).

Somit zeigte sich ein adverser Effekt des Verums auf das Verhalten von dreijährigen Kindern, der nur von den Eltern beobachtet wurde, der bei der klinischen Überprüfung aber nicht auftrat. Die Untergruppen waren nicht anfälliger für adverse Effekte, wenn vorher bestehende Hyperaktivität und/oder atopische Dermatitis vorlag. Die Autoren vermuten übereinstimmend mit Ergebnissen pharmakologischer Studien aus den 1980er Jahren, dass es sich ursächlich um ein pharmakologisches Geschehen handelt, welches auf einer nicht-IgE-vermittelten Histaminausschüttung beruht. Die Ergebnisse legen nahe, dass eine Elimination der genannten Zusatzstoffe in der Kost von Vorschulkindern eine Reduktion hyperaktiven Verhaltens bewirken könnte (Bateman *et al.* 2004).

Das Committee on Toxicity of Chemicals in Food, Consumer Products and the Environment (COT) ist ein unabhängiges Expertenkomitee, das die FSA und weitere Regierungsstellen hinsichtlich der Toxizität chemischer Substanzen in Lebensmitteln, Konsumerzeugnissen und der Umwelt berät. Die Isle-of-Wight-Studie lag dem COT, obwohl erst 2004 veröffentlicht, bereits im Jahr 2000 zur Bewertung vor. Es wurde von der FSA beauftragt, die Ergebnisse der Studie zu beurteilen (COT 2001).

In der hierzu vorliegenden Stellungnahme wird auf einige Aspekte hingewiesen, die hinsichtlich weiterführender Forschung relevant sind. Laut Elternurteil zeigten sich sowohl nach Provokation mit dem Verum als auch nach Gabe des Placebo Effekte auf das Verhalten. Im Vergleich zum Placebo traten beim Verum nur geringe, aber dennoch statistisch signifikante Verschlechterungen des Verhaltens auf. Dieses Ergebnis bestätigt Erkenntnisse aus früherer Forschung, dass Eltern häufig Verhaltensänderungen bei ihren Kindern beobachten, die nicht in klinischen Tests bestätigt werden können. Aufgrund im Bericht nicht näher benannter Kritik am Studiendesign werden Bedenken in Bezug auf die Verallgemeinerung und Interpretation der Ergebnisse geäußert. Nach Ansicht des COT geben diese keinen Aufschluss darüber, ob die getesteten Zusatzstoffe auf alle Kinder einen schädlichen Einfluss haben, oder ob es sich bei den beobachteten adversen Effekten um Überempfindlichkeitsreaktionen bestimmter, besonders anfälliger Untergruppen handelt. So ist es laut dieser Bewertung nicht möglich, aus den Ergebnissen der Isle-of-Wight-Studie klare Schlussfolgerungen abzuleiten (COT 2001).

1.5. Die Southampton-Studie

In der Folge der inkonsistenten Ergebnisse der Isle-of-Wight-Studie stellte die FSA eine unabhängige *ad-hoc*-Expertengruppe zusammen, die die Durchführbarkeit weiterführender Forschung abwägen und Ratschläge für zukünftige Studiendesigns liefern sollte. Auf dieser Grundlage wurde die folgende Studie durchgeführt (COT 2007). Im Jahr 2007 wurden die Ergebnisse der so genannten Southampton-Studie zu Effekten von Lebensmittelzusatzstoffen auf das Verhalten von Kindern veröffentlicht. Diese ist von der FSA finanziell und fachlich unterstützt worden. Die Auswahl der Stichprobe, die auch hier repräsentativ für die Allgemeinbevölkerung sein sollte, erfolgte randomisiert, und alle Tests wurden doppelblind und placebokontrolliert als Crossover-Design durchgeführt. Kinder mit ADHS, die medikamentös behandelt wurden, wurden ausgeschlossen (McCann *et al.* 2007).
Diesmal wurden neben 153 3-jährigen auch 144 8/9-jährige Kinder getestet, die eingangs alle für 6 Wochen eine Diät erhielten, die frei von AFCs und Benzoat war. Darauf folgend wurden zwei verschiedene Vera in wöchentlichen Abständen gegen ein Placebo getestet, wobei Mischung A der aus der Isle-of-Wight-Studie entsprach.

Sie beinhaltete wieder 20 mg AFCs, bestehend aus 7,5 mg Tartrazin (E102), 5 mg Gelborange S (E110), 2,5 mg Azorubin (Carmoisin, E122) und 5 mg Cochenillerot A (Ponceau 4R, E124). Die Dosierung von Mischung A wurde für die 8/9-jährigen Kinder mit dem Faktor 1,25 multipliziert, um dem altersbedingt höheren Lebensmittelverzehr gerecht zu werden (McCann *et al.* 2007).

Mischung B wurde dahingehend konzipiert, den durchschnittlichen täglichen Konsum der betreffenden Altersstufe besser widerzuspiegeln. Sie enthielt 30 mg AFCs für die jüngeren Kinder, bestehend aus 7,5 mg Chinolingelb (E104), 7,5 mg Gelborange S (E110), 7,5 mg Azorubin (Carmoisin, E122), 7,5 mg Allurarot AC (E129) und 45 mg Natriumbenzoat (E211). Sie unterschied sich also neben der Dosierung auch in zwei der verwendeten Farbstoffe von Mischung A. Für die älteren Kinder enthielt Mischung B insgesamt 62,5 mg AFCs. Die Verabreichung erfolgte wieder in Form eines Getränks. Um in der Isle of Wight-Studie eventuell aufgetretene Placeboeffekte auszuschließen, wurde allen Kindern auch in der ersten Woche ein Getränk (Placebo) gegeben, so dass Placeboeffekte durch die alleinige Verabreichung irgendeines Getränks nicht mehr zu erwarten waren. Werden die verabreichten Dosen in mg/kg Körpergewicht umgerechnet, zeigt sich, dass die jüngeren Kinder relativ betrachtet höhere Dosen von Mischung A als die älteren erhielten, während die Dosen von Mischung B für beide Altersgruppen relativ vergleichbar waren. Alle Dosierungen bewegten sich im Rahmen des Acceptable Daily Intake (ADI) (COT 2007).

Mischung A provozierte signifikante adverse Effekte bei den 3-jährigen im Vergleich zum Placebo, die bei den älteren Kindern nicht in signifikantem Ausmaß auftraten. Im Gegensatz dazu waren die Ergebnisse nach dem Verzehr von Mischung B etwas konsistenter. Ein signifikanter Effekt zeigte sich ausschließlich bei den älteren Kindern; jedoch entsprach der mittlere Betrag des GHA-Score bei den jüngeren Kindern in der Höhe dem der älteren. Der Unterschied bestand darin, dass die Werte der jüngeren Kinder weiter gestreut waren. Effekte traten unabhängig von Geschlecht, vorher bestehender Hyperaktivität, der Menge an Zusatzstoffen in der Kost vor der Intervention, dem Bildungsstand und sozialen Status der Mutter auf. Die Ergebnisse der 3-jährigen, die Mischung A verzehrten, sind konsistent mit denen aus der Isle-of-Wight-Studie. Die umgesetzten Verbesserungen in Studiendesign und Durchführung verleihen somit den vorangegangenen Befunden zusätzlich Gewicht (COT 2007; McCann *et al.* 2007).

Auch für diese Studie wurde von der FSA beim COT eine Überprüfung in Auftrag gegeben (COT 2007). Einige der in der dazu veröffentlichten Stellungnahme diskutierten Ergebnisse finden sich nicht in der Veröffentlichung von McCann *et al.* (2007) in der Zeitschrift The Lancet, sondern entstammen dem kompletten Forschungsbericht der Universität Southampton (Stevenson *et al.* 2007). Innerhalb des Projektes wurden einige Sekundäranalysen durchgeführt, deren komplexe Ergebnisse in der Stellungnahme des COT überschaubar dargestellt sind. Diese verfolgten zusätzlich die Fragestellungen, ob Unterschiede in der Genetik Unterschiede bei den Effekten bedingen und ob Effekte, die von Eltern beobachtet werden, auch durch LehrerInnen, unabhängige Beobachter und computerbasierte Tests bestätigt werden können (COT 2007).

Resultate der Intervention wurden anhand von Einstufungen durch Eltern und LehrerInnen sowie mit Hilfe klinischer, computerunterstützter Aufmerksamkeitstests festgehalten. Das Verhalten der Kinder wurde anhand einer Reihe verschiedener Messungen beurteilt. Eltern beurteilten das Verhalten zuhause, LehrerInnen und unabhängige Beobachter in Schule und Vorschule. Für jede Messung wurde das Verhalten unter Verwendung standardisierter Fragebögen abgeschätzt. Lediglich die älteren Kinder absolvierten einen computerunterstützten Aufmerksamkeitstest. Die Werte aller Einzelmessungen wurden zu einem neu eingeführten Maß zusammengefasst. Der Global Hyperactivity Aggregate Score (GHA) stellt ein übergreifendes, ungewichtetes Maß für hyperaktives Verhalten dar, innerhalb dessen subjektive und objektive Messungen berücksichtigt werden (COT 2007).

Zusätzlich wurden *post-hoc*-Analysen durchgeführt. Diese beinhalteten Analysen der GHA-Daten für eine Untergruppe der Stichprobe, die nachweislich über 85% der Getränke verzehrt hatte. Diese entsprach etwa 80% der Gesamtstichprobe. Eine weitere *post-hoc*-Analyse bezog sich auf diejenige Untergruppe, für die darüber hinaus komplette Auswertungsdaten vorlagen. Ergebnisse dieser Analysen stimmten weitgehend mit denen der Primäranalyse überein. Letztendlich wurden die zerlegten GHA-Daten der gesamten Stichprobe analysiert (COT 2007).

Bei allen Kindern wurden zusätzlich DNA-Proben genommen, um herauszufinden, ob Variationen der Allele bestimmter Gene, die schon vorher mit ADHS in Verbindung gebracht worden waren, die Effekte beeinflussen würden. Untersucht wurden Gene des Dopamin-Neurotransmittersystems, des adrenergen Neurotransmittersystems sowie des Histamin-Neurotransmittersystems (COT 2007).

Die *post-hoc*-Analysen der zerlegten Messungen sowohl für die gesamte Stichprobe als auch für die Untergruppe, die mehr als 85 % der Getränke konsumiert hatte, zeigten, dass die elterlichen Bewertungen den wichtigsten Wirkungsfaktor für Abweichungen im GHA-Score der 3-jährigen ausmachten - genau wie zuvor in der Isle of Wight-Studie. Bei den älteren Kindern wurden die deutlichsten Steigerungen hyperaktiven Verhaltens nach Verzehr von Mischung A oder B bei der Auswertung der computerunterstützten Aufmerksamkeitstests festgestellt (COT 2007).

Die elterlichen Einschätzungen bedingten den stärksten statistisch signifikanten Faktor, der Unterschiede im Verhalten der Kinder aus beiden Altersgruppen nach Verzehr des Verums im Vergleich zum Placebo ausmachte. McCann *et al.* (2007) vermuten, dass Eltern sensitiver in Bezug auf Verhaltensänderungen ihrer Kinder waren als unabhängige Beobachter oder LehrerInnen, weil die Getränke im Rahmen des Studiendesigns meist zuhause nach der Schule konsumiert wurden.

Im Ergebnis der *post-hoc*-Analyse korrelierten hohe GHA-Scores signifikant mit bestimmten Genotypen, genauer gesagt zwei verschiedenen Polymorphismen, die wahrscheinlich den Histamin-Abbau beeinträchtigen. Hohe GHA-Scores waren aber nicht auf die Träger dieser Polymorphismen beschränkt. Die gefundenen Effekte des Genotyps werden vom COT als zu schwach angesehen, um einen brauchbaren Ansatz für die Identifizierung von Risikogruppen oder –individuen darauf zu begründen. Bezüglich der anderen untersuchten Polymorphismen wurden keine Zusammenhänge mit dem Verhalten gefunden (COT 2007).

Eine zusätzliche interne Crossover-Studie wurde mit einer Untergruppe von 30 8/9-jährigen Jungen durchgeführt, von denen die Hälfte aufgrund ihrer vorherigen Ergebnisse als Responder in Betracht gezogen worden waren. Ziel war, mögliche akute Effekte nach Provokation mit dem Verum aufzudecken. Das Verhalten der Kinder wurde unmittelbar nach dem Verzehr des Getränks für 3 Stunden durch unabhängige Beobachter eingestuft, und die Kinder wurden wieder dem computerunterstützten Test unterzogen. Dabei zeigten sich keine signifikanten Abweichungen bezüglich hyperaktiven Verhaltens gegenüber den Ergebnissen der Primäranalyse (COT 2007).

Die Stellungnahme des COT äußert folgende Kritik am Design der Southampton-Studie: Die Tageszeit, zu der das Getränk konsumiert wurde, war nicht festgelegt, so dass das Risiko einer Maskierung möglicher kurzzeitiger, vorübergehender Effekte gegeben war. Eine Erfassung des Körpergewichts der Kinder hätte eine präzisere Bemessung der verabreichten Dosen erlaubt, was wiederum Vergleiche zwischen Individuen ermöglicht hätte. Der GHA-Score als alleiniges Messinstrument der Primäranalyse spiegelt die relative Gewichtung objektiver und subjektiver Messmethoden nicht wider. Er sagt somit nichts über Abweichungen elterlicher Einschätzungen aus. Es wird eingeräumt, dass die Scores später gesondert analysiert und interpretiert wurden. Eine Weiterführung der GHA-Aufzeichnungen und Tests in der Auswaschphase hätte Hinweise auf eine mögliche intraindividuelle Variabilität der Effektdauer liefern können. Den <u>zeitlichen Zusammenhängen</u> und der <u>Dauer</u> von Effekten sollte zukünftig mehr Aufmerksamkeit gewidmet werden (COT 2007).

Die Studie liefert keinerlei Anhaltspunkte hinsichtlich zugrunde liegender biologischer Mechanismen für Effekte auf das Verhalten. Es wird von McCann *et al.* (2007) auf der Basis bisheriger toxikologischer Befunde für unwahrscheinlich gehalten, dass die verabreichten Substanzen in der Lage sind, die Blut-Hirn-Schranke zu passieren. Laut Stellungnahme des COT aber gilt dies zumindest nicht für den Konservierungsstoff Natriumbenzoat (COT 2007).

Aufgrund des Fehlens eindeutiger Beweise für einen zugrunde liegenden toxischen Mechanismus bleiben nach Ansicht des COT Zweifel zurück, ob die Effekte auf die Provokation mit den Zusatzstoffen zurückzuführen waren oder zufällig auftraten. Vorausgesetzt, die Effekte sind kausal, ist es nicht möglich zu ermitteln, ob einzelne Komponenten der Vera oder die Kombination der Komponenten diese Effekte hervorriefen. Das COT schlussfolgert aus den vorliegenden Daten, dass die Studie unterstützende Beweise dafür liefert, dass eine Kombination bestimmter Farbstoffe mit Natriumbenzoat mit einer Steigerung hyperaktiven Verhaltens bei Kindern aus der Allgemeinbevölkerung verknüpft ist. Diese Beobachtung könne für bestimmte Individuen bedeutsam sein, besonders für diejenigen, die extrem hyperaktives Verhalten zeigen (COT 2007).

1.6. Reevaluierung von Lebensmittelzusatzstoffen in der EU

Aufgrund der Entwicklungen in der Forschung wurde die EFSA schon vor der Veröffentlichung der Ergebnisse der Southampton-Studie von der Europäischen Kommission beauftragt, die Zulassungen aller in der EU zugelassenen Lebensmittelzusatzstoffe neu zu bewerten. Das Committee on Toxicity wurde gebeten, bei dieser Reevaluierung mit speziellem Fokus auf die mögliche Neurotoxizität von Substanzen mitzuwirken (COT 2006).

Die vom COT untersuchten Zusatzstoffe waren zuvor vom gemeinsamen FAO/WHO-Sachverständigenausschuss für Lebensmittelzusatzstoffe (FAO/WHO Expert Committee on Food Additives, JECFA) und dem wissenschaftlichen Lebensmittelausschuss der EU-Kommission (Scientific Committee on Food, SCF) evaluiert worden. Einige Evaluationen, insbesondere die für Farbstoffe, lagen zu diesem Zeitpunkt bereits über 20 Jahre zurück. So schien es angebracht, zu ergründen, ob eine mögliche Neurotoxizität und Effekte auf Wachstum und Entwicklung bei der Festsetzung der Acceptable Daily Intakes (ADIs, akzeptable tägliche Aufnahme) in Erwägung gezogen worden waren und ob es diesbezüglich neues Datenmaterial gab. Viele der alten Originaldaten waren nur noch in zusammengefasster Form erhältlich, so dass Details der Untersuchungen nur teilweise bekannt sind. Neueres Material fand sich zu einigen Farbstoffen; doch ist die Datenlage in diesem Bereich insgesamt mager (COT 2006).

Das COT bewertete die Zusatzstoffe Chinolingelb (E104), Gelborange S (E110), Azorubin (Carmoisine, E122), Cochenillerot A (Ponceau 4R, E124), Indigotin (Indigo-Carmin, E132), Brilliantbrau FCF (E133), Natriumbenzoat (E211), Schwefeldioxid (E220), Mononatriumglutamat (E621), Acesulfam-K (E950), Aspartam (E951) und Saccharin (E954) neu.

Keine Anzeichen für eine potentielle Neurotoxizität in Bezug auf Wachstum und Entwicklung zeigten sich bei Acesulfam K, Brilliantblau FCF, Indigotin, Saccharin, Natriumbenzoat und Schwefeldioxid. Es existieren zweifelhafte Beweise, dass die folgenden Farbstoffe bei sehr hoher Dosierung möglicherweise neurotoxische Wirkungen auf Wachstum und Entwicklung haben: Azorubin, Gelborange S und Chinolingelb. Die Farbstoffe Gelborange S sowie Azorubin und seine Metaboliten und Chinolingelb hemmen *in vitro* sowohl die Aktivität der unspezifischen Cholinesterase als auch der Acetylcholinesterase des Nervensystems, die ersten beiden Substanzen auch im Tierversuch an Ratten. Die Bedeutung dieser Erkenntnisse ist derzeit unklar (COT 2006).

Es zeigten sich tatsächliche Beweise für eine Neurotoxizität in Bezug auf Wachstum und Entwicklung bei sehr hoher Dosierung folgender Zusatzstoffe: Aspartam, Mononatriumglutamat und Cochenillerot A (COT 2006).

Hohe Dosierungen von Natriumbenzoat oberhalb des ADI bewirken Effekte im Zentralen Nervensystem des erwachsenen Menschen durch eine Störung des Säure-Basen-Gleichgewichts, die schnell reversibel sind. Die Struktur von Natriumbenzoat legt nahe, dass es die Blut-Hirn-Schranke und die Plazenta passieren kann, obwohl Studienergebnisse dafür sprechen, dass der größte Anteil renal ausgeschieden wird und nur ein geringer Anteil in Organen akkumuliert (COT 2006).

Letztlich wurde für keine der Substanzen ein neurotoxisches Potential im Dosierungsbereich derzeitiger ADIs ersichtlich. Trotz eingeräumten zusätzlichen Forschungsbedarfs aufgrund unzureichender Datenlage wird geschlossen, dass angesichts der üblicherweise geringen Aufnahmemengen dieser Zusatzstoffe zum Zeitpunkt der Veröffentlichung kein Anlass bestand, weiterführender Forschung dringende Priorität beizumessen (COT 2006).

Die EFSA nahm nach warnenden Hinweisen durch die FSA zu den Ergebnissen von McCann *et al.* im September 2007 wie folgt Stellung: Die betreffenden AFCs stehen im Rahmen der Reevaluation aller Lebensmittelfarbstoffe ohnehin bereits zur Diskussion. Das AFC-Panel der EFSA wird diese Ergebnisse unter Berücksichtigung weiterer Quellen prüfen (EFSA 2007b). Diese Arbeit wird voraussichtlich zum Ende des Jahres 2008 erledigt sein. Dann wird die Europäische Kommission entscheiden, ob weitere Schritte unternommen werden sollten (Smith 2008; Williamson 2008).

Die EFSA schließt sich in ihrer Bewertung der Ergebnisse vom 7.03.2008 zunächst allen Aussagen des COT an. Da Effekte keinem einzelnen der Zusatzstoffe zugeschrieben werden können, die klinische Signifikanz der Ergebnisse unklar bleibt, ein Mangel an Konsistenz der Ergebnisse vorherrscht und Effekte relativ schwach ausfielen, wird zunächst geschlussfolgert, dass kein Anlass besteht, die ADIs für die verwendeten AFCs zu ändern (EFSA 2008b).

Im Juli 2007 hat die EFSA den ADI und die Europäische Kommission die Zulassung für den Farbstoff Rot 2G (E128) wegen seines genotoxischen und karzinogenen

Potentials zurückgezogen (EFSA 2007b, Europäische Kommission 2007). Dieser war in der EU allerdings ausschließlich für britische Frühstückswürstchen und Hackfleisch mit einem Getreideanteil von mindestens 4% zugelassen und wurde in der Southampton-Studie nicht verwendet – die Darstellung des Sachverhalts soll hier lediglich die generelle Notwendigkeit unterstreichen, die Sicherheit von AFCs zu reevaluieren.

Aufgrund eines Beschlusses vom 11.09.2007 wurde das AFC-Panel der EFSA (Panel on additives, flavourings, processing aids and materials in contact with food) neu strukturiert. Mit Wirkung zum 10.07.2008 wurden daraus das Panel on food additives and nutrient sources added to food (Ausschuss für Lebensmittelzusatzstoffe und Lebensmitteln zugesetzte Nährstoffe, ANS) sowie das Panel on food contact materials, enzymes, flavourings and processing aids (Ausschuss für Materialien, die mit Lebensmitteln in Kontakt kommen, Enzyme, Aromastoffe und technologische Hilfsstoffe, CEF) (EFSA 2008a). Somit ist ein Schritt in Richtung einer Spezialisierung der für Sicherheitsüberprüfungen verantwortlichen Ausschüsse erfolgt.

1.7. Weitere Reaktionen auf die Ergebnisse der Southampton-Studie

Das Bundesinstitut für Risikobewertung (BfR) schließt sich in einer Stellungnahme vom 13.09.2007 den Aussagen des COT und der EFSA an und weist darauf hin, dass Verbraucher, wenn sie eine Aufnahme der untersuchten Stoffe vorsorglich ausschließen möchten, auf den Verzehr entsprechender Lebensmittel und Getränke verzichten können, da Lebensmittelzusatzstoffe in der Zutatenliste aufgeführt werden müssen (BfR 2007).

Die American Academy of Pedriatics räumt ein, dass die Ergebnisse der Southampton-Studie lange Zeit bestehende Zweifel an Aussagen von Eltern zu Effekten bestimmter Lebensmittel auf das Verhalten ihrer Kinder entkräften, und somit in früheren Äußerungen hierzu eventuell falsch gelegen zu haben (AAP 2008).

Das Associate Parliamentary Food and Health Forum (FHF) ermutigt die FSA angesichts der Ergebnisse der Southampton-Studie in einem Bericht über Zusammenhänge von Ernährung und Verhalten im Januar 2008, vorsichtshalber den Eltern <u>aller Kinder</u> zu vermitteln, dass eine <u>Limitierung von Zusatzstoffen</u>

erstrebenswert ist. Es wird darauf hingewiesen, dass einige in der EU zugelassene Zusatzstoffe in den USA und einigen skandinavischen Ländern verboten worden sind, und keiner davon irgendeinen ernährungsphysiologischen Wert hat. Die FSA wird zum Handeln aufgefordert. Das FHF empfiehlt, dass Regulierungen eingeführt werden sollten, alle künstlichen Farbstoffe und nicht-essentielle Konservierungsstoffe in Lebensmitteln zu verbieten (FHF 2008). Die daraufhin veröffentlichte Stellungnahme der FSA für Konsumenten ist in Tab. 1 dargestellt.

Im April 2008 haben 42 Verbraucherorganisationen aus 12 Mitgliedsstaaten der EU eine gemeinsame Erklärung an die europäische Gesundheitskommissarin abgegeben, in der ein Verbot der in der Southampton-Studie verwendeten Zusatzstoffe gefordert wird (Anonymous 2008).

Im Juli 2008 hat das EU-Parlament ein neues Gesetzespaket beschlossen, das eine zusätzliche Kennzeichnung von Lebensmitteln, denen Azofarbstoffe zugesetzt wurden, vorschreibt. Diese müssen zukünftig auf der Verpackung den Warnhinweis „kann sich nachteilig auf die Aktivität und Konzentration von Kindern auswirken" aufweisen (Welt Online 2008). Dies wird vermutlich bis Mitte des Jahres 2010 in geltendes Recht umgesetzt (Smith 2008).

Tab. 1: Revidierte Stellungnahme der FSA für Konsumenten
(Quelle: FSA 2008; Übersetzung der Verfasserin, gekürzt)

Forschungen der Universität Southampton weisen darauf hin, dass der Verzehr einiger künstlicher Farbstoffe mit einem negativen Effekt auf das Verhalten von Kindern in Verbindung stehen könnte. Angesichts dieser Ergebnisse hat die FSA ihren Rat an Konsumenten überarbeitet.

Revidierte Version – Lebensmittelzusatzstoffe und Hyperaktivität

Hyperaktivität ist ein allgemeiner Begriff, der für die Beschreibung von Verhaltensschwierigkeiten, die das Lernen, das Gedächtnis, die Bewegung, die Sprache, emotionale Reaktionen und Schlafmuster beeinflussen, steht. Im Kontext des folgenden Ratschlags bedeutet er, dass ein Kind überaktiv ist, sich nicht konzentrieren kann und affektiv handelt.

Wenn Ihr Kind Zeichen von Hyperaktivität oder ADHS zeigt, sollten Sie versuchen zu vermeiden, ihm die folgenden künstlichen Farbstoffe zu geben, da dies helfen könnte, das Verhalten zu verbessern:

- Gelborange S (E110)
- Chinolingelb (E104)
- Azorubin (E122)
- Allurarot AC (E129)
- Tartrazin (E102)

- Cochenillerot A (E124)

Wenn Farbstoffe in Lebensmitteln verwendet werden, müssen diese als Farbstoff zuzüglich ihres Namens oder ihrer E-Nummer in der Zutatenliste deklariert werden. So können Sie, wenn sie sich entschließen, bestimmte Zusatzstoffe zu meiden, die Kennzeichnung überprüfen. Bei loser Ware (ohne Verpackung) wird es notwendig sein, Verkäufer oder Hersteller zu befragen.

Einige Hersteller und Einzelhändler haben gegenüber der Food Standards Agency geäußert, dass sie bereits an möglichen Alternativen zu diesen Farbstoffen arbeiten.

Die EFSA überprüft die Sicherheit aller in der EU zugelassenen Lebensmittelfarbstoffe auch im Hinblick auf Hyperaktivität. Neue Informationen hierzu sind ab Januar 2008 zu erwarten.

Die Food Standards Agency hat diese Ratschläge im September 2007 veröffentlicht, nachdem die Studie von McCann et al. vom unabhängigen Committee on Toxicity (COT) evaluiert worden war.

Am 5. November 2008 erscheint ein Untersuchungsbericht der Verbraucherzentrale Hessen, der die Bedenken hinsichtlich der Verwendung von Azofarbstoffen, Chinolin (E102) und Benzoaten in Lebensmitteln aufgreift und ein generelles Verbot fordert. E102 ist in den USA bereits verboten. Die Verbraucherzentrale Hessen hat sich zum Ziel gesetzt, Verbraucher und Medien über die möglichen Zusammenhänge zwischen der Aufnahme dieser Zusatzstoffe und nachteiligen Auswirkungen auf die Konzentration und Aufmerksamkeit von Kindern zu informieren. In einem Marktcheck wurden ausgewählte Süßigkeiten und Softdrinks, die für Kinder besonders attraktiv aufgemacht sind, anhand der Zutatenlisten einer Prüfung auf AFCs unterzogen. Auch Benzoate wurden wegen ihrer Verwendung in der Southampton-Studie erfasst (Verbraucherzentrale Hessen 2008).

Eine Liste mit Produkten, in denen diese Substanzen enthalten sind, findet sich im Internet unter www.verbraucher.de/ernaehrung (18.11.2008), ein Überblick über die Ergebnisse in Tab. 2. In 44% der überprüften Lebensmittel waren Azofarbstoffe und/oder Chinolin enthalten. Verbraucher können weitere Produkte zur Vervollständigung dieser Liste melden (Verbraucherzentrale Hessen 2008).

Tab. 2: Vorkommen von Azofarbstoffen und Chinolin in den ausgewählten Lebensmitteln
(Quelle: Verbraucherzentrale Hessen 2008)

Produktgruppen	Anzahl	davon mit Azofarbstoffen und/oder Chinolingelb /n (%)	Mit „Farbstoffcocktails" (2 bis 6 Farbstoffe)	Anteil an Produktgruppe in %
Süßwaren	**227**	**100 (44)**	**70**	**31**
Bonbons	188	95 (51)	68	36
Schokolade	31	5 (16)	0	0
Gebäck	8	0 (0)	6	29

| Getränke | 21 | 9 (43) | 6 | 29 |
| Gesamt | 248 | 109 (44) | 76 | 31 |

Benzoat wurde mit 29% am häufigsten in den untersuchten Getränken gefunden, ist aber auch in einigen Süßwaren enthalten. Die Verbraucherzentrale Hessen (2008) weist darauf hin, dass AFCs und Benzoate in Biolebensmitteln überhaupt nicht verwendet werden dürfen, so dass deren Verzehr eine Aufnahme dieser Substanzen ausschließt (Verbraucherzentrale Hessen 2008). Auch die Verbraucherzentrale Sachsen Anhalt hat eine ähnliche Erhebung durchgeführt.

Ein von der British Nutrition Foundation herausgegebener Artikel beschäftigt sich mit der Frage, ob und wie Zusatzstoffe vermieden werden können. Manche Zusatzstoffe werden aus natürlich vorkommenden Quellen extrahiert, andere werden industriell gefertigt. Während Farbstoffe absolut entbehrlich sind, sind Konservierungsstoffe oft notwendig, da Lebensmittel ohne sie schnell verderben würden. Benzoat (E211) das auch natürlich in Pflaumen, Blaubeeren, Moosbeeren (Cranberries), Gewürznelken und Zimt vorkommt, wird zugesetzt, um Mikrobenwachstum, insbesondere dem pathogener Hefen und Pilze, vorzubeugen. Zusatzstoffe haben eine Reihe nützlicher Funktionen und spielen eine Schlüsselrolle bei der Aufrechterhaltung der Lebensmittelqualität, die Konsumenten nachfragen (Williamson 2008).
Indessen schreiten Bemühungen im Rahmen von Beratungen zwischen der FSA und Lebensmittelherstellern voran, Möglichkeiten des Verzichts auf die Lebensmittelfarbstoffe, die in der Southampton-Studie verwendet wurden, zu prüfen. Bei einem Treffen von Repräsentanten der FSA, der Lebensmittelindustrie und öffentlichen Interessengruppen im Oktober 2007 wurden die Ergebnisse der Studie sowie Möglichkeiten diskutiert, wie Eltern, die Farbstoffe meiden wollen, geholfen werden kann. Die FSA hat Lebensmittelhersteller veranlasst, ihr jegliche Information im Zusammenhang mit dem Verzicht auf besagte Farbstoffe zur Verfügung zu stellen - einschließlich einer Angabe fester Zeitpunkte, zu denen ein Verzicht geplant ist (Williamson 2008).

Am 12. November 2008 wird im Internet ein offener Brief des Geschäftsführers der FSA an Akteure der Lebensmittelindustrie, Verbraucher- und Gesundheitsorganisationen publiziert, der diese über aktuelle Entwicklungen informiert. Die FSA ist inzwischen zu der Ansicht gelangt, dass auf die sechs in der Southampton Studie verwendeten AFCs fokussiert werden soll, Benzoat aber zu vernachlässigen sei, da es in der Southampton-Studie in erster Linie als Konservierungsstoff eingesetzt wurde. Lebensmittelhersteller in Großbritannien sind angewiesen, diese AFCs bis Ende 2009 aus Lebensmitteln zu entfernen (Smith 2008).

Nachdem bis zum 15. November 2008 keine offizielle Stellungnahme des Ministeriums für Ernährung, Landwirtschaft und Verbraucherschutz (BMVEL) vorlag, wurde die Recherche zu diesem Thema seitens der Verfasserin eingestellt. Der Verbraucherschutz steht in Deutschland derzeit offenbar hinten an.

1.8. Die mögliche Rolle von Benzoat

Vom Konservierungsstoff Natriumbenzoat (E211) ist in der öffentlichen Diskussion kaum noch die Rede, obwohl auch er in den Vera der Isle of Wight- und der Southampton-Studie enthalten war. Keine der in der Folge erschienenen Veröffentlichungen außer der der Verbaucherzentrale Hessen (2008) geht auf Benzoat ein; der Fokus beschränkt sich auf AFCs. Deswegen soll die mögliche Rolle von Benzoaten hier noch einmal gesondert aufgegriffen werden.

Benzoat und Salicylat unterscheiden sich, wie aus der Abb. 8 ersichtlich, in ihrer chemischen Struktur nur in einer Hydroxylgruppe. Benzoate können insbesondere bei Menschen mit Asthma und bei salicylatempfindlichen Personen Allergien oder eine PAR hervorrufen. Eine hohe Zufuhr über einen längeren Zeitraum kann zu Beeinträchtigungen des Nervensystems führen (Bundesverband Verbraucherinitiative e.V o. J.).

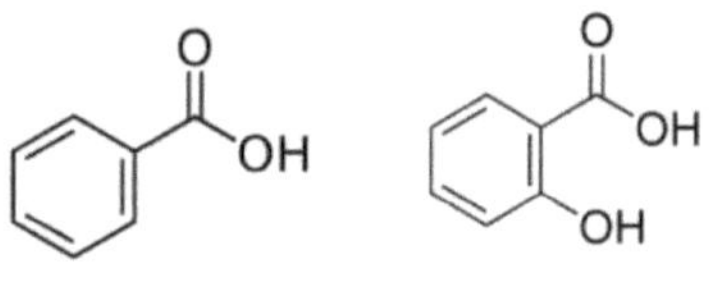

Abb. 1: Strukturformeln von Benzoat (links) und Salicylat (rechts) (Quelle: NLM o. J.)

Eine Stellungnahme des BfR aus dem Jahr 2005 weist auf eine mögliche Bildung von Benzol aus Benzoesäure in Lebensmitteln, insbesondere in

Erfrischungsgetränken in Gegenwart von Ascorbinsäure, hin (BfR 2005). Benzol wirkt nachweislich kanzerogen und teratogen, und akute Vergiftungen äußern sich in Schwindel, Erbrechen und Bewusstlosigkeit. Untersuchungen von Erfrischungsgetränken und Fruchtsaftgetränken mit unterschiedlichen Gehalten an Benzoesäure und Ascorbinsäure deuten darauf hin, dass sich Benzol in geringen Mengen bilden könnte. Laborversuche belegen, dass unter bestimmten Reaktionsbedingungen aus Benzoesäure Benzol entsteht, wobei verschiedene Faktoren eine Rolle spielen. Ob und in welchem Ausmaß in entsprechenden Lebensmitteln tatsächlich Benzol gebildet wird, lässt sich anhand der vorliegenden Daten nicht sicher beurteilen. Das BfR kann das damit möglicherweise verbundene Risiko deshalb zum gegebenen Zeitpunkt nicht abschätzen und hat empfohlen, die Lebensmittelüberwachungsbehörden der Bundesländer zu bitten, vorliegende Daten zum Benzolgehalt sowie zum Gehalt von Benzoesäure und Ascorbinsäure in Lebensmitteln zusammenzutragen (BfR 2005). Das Bundesamt für Gesundheit der Schweiz kommt in einer Stellungnahme aus dem Jahr 2006 zu der Ansicht, dass Benzol in Getränken gegenwärtig keine Gesundheitsgefährdung darstellt (Bundesamt für Gesundheit 2006). Spätere Publikationen zu diesem Sachverhalt konnten nicht gefunden werden.

1.9. Schlussfolgerung

Die Verfasserin zeigt sich angesichts der eigenen Recherchen erstaunt über die Behäbigkeit, mit der insbesondere die zuständigen deutschen Behörden, die BzgA und das BMELV auf die Erkenntnisse aus der Southampton-Studie reagieren – nämlich bisher gar nicht.

Wenn Eltern beim Einkauf Lebensmittel, die AFCs und/oder Benzoat enthalten, meiden wollen, sollte auf möglichst gering verarbeitete Produkte zurückgegriffen werden, trotzdem aber auch immer die Zutatenliste überprüft werden. Hier empfiehlt es sich, einen Merkzettel mit den E-Nummern der fraglichen Substanzen parat zu haben, um diese vor Ort zuordnen zu können. Was anfänglich mehr Arbeit und Zeit beim Einkauf erfordert, kann durch regelmäßige Praxis schnell zur Routine werden. Da Kinder v. a. Süßigkeiten und Softdrinks oft selbst kaufen, sollten sie anhand der Liste der Verbraucherzentrale Hessen (s. o.) entweder von den Eltern, besser noch flächendeckend im Rahmen des Schulunterrichts, über die möglicherweise schädlichen Wirkungen von AFCs und Benzoat aufgeklärt werden.

Ein weitgehender Ausschluss von Lebensmittelzusatzstoffen ist bei einer pseudoallergenarmen Diät gewährleistet, wie sie in den Empfehlungen des „Arbeitskreis Diätetik in der Allergologie" zur Behandlung der chronischen Urticaria vorgeschlagen wird (s. Tab. 3). Wie die oligoantigenen Diäten, ist auch diese mit ihren drastischen Restriktionen nicht als dauerhafte Kost vorgesehen, sondern dient diagnostischen Zwecken und dazu, schnell zu einer Symptomfreiheit zu gelangen, um die Diagnostik dann mittels DBPCFC spezifizieren zu können (Werfel *et al.* 2006).

Tab.3: Beispiel einer pseudoallergenarmen Diät (Quelle: modifiziert nach Werfel *et al.* 2006)

Generell verboten: Alle Nahrungsmittel, die Konservierungsstoffe, Farbstoffe und Antioxidantien* enthalten. Verdacht besteht bei allen industriell verarbeiteten Lebensmitteln		
	erlaubt	**verboten**
Grundnahrungmittel	Brot, Brötchen ohne Konservierungsmittel, Grieß, Hirse, Kartoffeln, Reis, Hartweizennudeln (ohne Ei), Reiswaffeln (nur aus Reis und Salz)	alle übrigen Nahrungsmittel (z. B. Nudelprodukte, Eiernudeln, Kuchen, Pommes frites)
Fette	Butter, Pflanzenöle	alle übrigen Fette (Margarine, Mayonnaise etc.)
Milch-produkte	Frischmilch, frische Sahne (ohne Carragen), Quark, Naturjoghurt, Frischkäse (ungewürzt), wenig junger Gouda	alle übrigen Milchprodukte
tierische Nahrungsmittel	frisches Fleisch und Gehacktes (ungewürzt), Bratenaufschnitt (selbst hergestellt)	alle verarbeiteten tierischen Nahrungsmittel, Eier, Fisch, Schalentiere
Gemüse	alle Gemüsesorten außer den verbotenen	Artischocken, Erbsen, Pilze, Rhabarber, Spinat, Tomaten und Tomatenprodukte, Oliven, Paprika
Obst	keines	alle Obstsorten und -produkte
Gewürze	Salz, Zucker, Schnittlauch, Zwiebeln	alle übrigen Gewürze, Knoblauch, Kräuter
Süßigkeiten	keine	alle Süßigkeiten, auch Kaugummi und Süßstoff
Getränke	Milch, Mineralwasser (Kaffee und schwarzer Tee unaromatisiert[2])	alle übrigen Getränke, auch Kräutertees und Alkoholika[2]
Brotbeläge	Honig und in vorangegangenen Spalten genannte Produkte	alle nicht genannten Brotbeläge
* *hier sind vermutlich zugesetzte Antioxidantien gemeint* [2] *für Kinder generell ungeeignet (Anmerkungen der Verfasserin)*		

2. Literaturverzeichnis (inklusive weiterführender Literatur)

AACAP (American Academy of Child and Adolescent Psychiatry) (2007): Practice parameter for the assessment and treatment of children and adolescents with attention-deficit/hyperactivity disorder. J. Am. Acad. Child Adolesc. Psychiatry; 46: 894-929

AAP (American Academy of Pedriatics) (2008): Editor´s note. In: Schonwald Alison (2008): ADHD and food additives revisited. AAP Grand Rounds 2008;19;17

Agranat-Meged AN, Deitcher C, Goldzweig G, Leibenson L, Stein M, Galili-Weisstub E (2005): Childhood obesity and attention deficit/hyperactivity disorder: a newly described comorbidity in obese hospitalized children. Int J Eat Disord; 37: 357–359

Akhondazeh S, Mohammadi M-R, Khademi M (2004): Zinc sulfate as an adjunct to methylphenidate for the treatment of attention deficit hyperactivity disorder in children: A double blind and randomized trial. BMC Psychiatry; 4: 9-14

Àlvarez-Pedrerol M, Ribas-Fitó N, Torrent M, Julvez J, Ferrer C, Sunyer J (2007): TSH concentration within the normal range is associated with cognitive function and ADHD symptoms in healthy preschoolers. Clinical Endocrinology; 66: 890-898

Anonymous (2008): Joint Statement to Mrs Androulla Vassiliou, European Health Commissioner. http://www.actiononadditives.com/images2/Joint_statement_to_EUCommissio n.pdf (18.11.2008)

Anonymous (2003): AFA-Algen. Das blaue Wunder? UGB-Forum:213-214
Arnold LE, Amato A, Bozzolo H, Hollway J, Cook A, Ramadan Y, Crowl L, Zhang D, Thompson S, Testa G, Kliewer V, Wigal T, McBurnett K, Manos M. (2007): Acetyl-L-carnitine (ALC) in attention-deficit/hyperactivity disorder: a

multi-site, placebo-controlled pilot trial. Journal of Child and Adolescent Psychopharmacology; 17: 791-802

Arnold, LE, DiSilvestro R (2005): Zinc in attention–deficit/hyperactivity disorder. Journal of Child and Adolescent Psychpharmacology; 15: 619-627

Bachmair A (o. J.): Ritalin. http://xn--hyperaktivitt-mfb.com/ (18.11.2008)

Baenkler H-W (2008): Salicylatintoleranz. Pathophysiologie, klinisches Spektrum, Diagnostik und Therapie. Deutsches Ärzteblatt; 105: 137-142

Baerlocher K (1991): Ernährung und Verhaltensstörungen – Einführung zum Thema. In: Baerlocher K, Jelinek J (Hg.): Ernährung und Verhalten. Ein Beitrag zum Problem kindlicher Verhaltensstörungen. Stuttgart: Thieme, 1-10

Banaschewski T, Roessner V, Uebel H, Rothenberger A (2004): Neurobiologie der Aufmerksamkeits-Defizit/-Hyperaktivitätsstörung (ADHS). Kindheit und Entwicklung; 13: 137-147

Bateman B, Warner JO, Hutchinson E, Dean T, Rowlandson P, Gant C, Grundy J, Fitzgerald C, Stevenson J (2004): The effects of a double blind, placebo controlled, artificial food colourings and benzoate preservative challenge on hyperacivity in a general population sample of preschool children. Arch. Dis. Child.; 89:506-511

Bazar KA, Yun AJ, Lee PY, Daniel SM, Doux JD (2006): Obesity and ADHD may represent different manifestations of a common environmental oversampling syndrome: a model for revealing mechanistic overlap among cognitive, metabolic, and inflammatory disorders. Medical Hypotheses; 66: 263–269

BBC NEWS (2007): Drugs for ADHD 'not the answer'. Published: 2007/11/12 12:36:09 GMT. http://news.bbc.co.uk/go/pr/fr/-/1/hi/uk/7090011.stm (18.11.2008)

Beard JL, Connor JR (2003): Iron status and neural functioning. Ann. Rev. Nutr; 23: 41–58

Bekaroğlu M, Yakup A, Değer O, Mocan H, Erduran E, Karahan C (1996): Relationships between serum free fatty acids and zinc, and attention deficit hyperactivity disorder. J. Child Psychol. Psychiatr.; 37: 225-227

Belitz H-D, Grosch W, Schieberle P (2001): Lehrbuch der Lebensmittelchemie. 5., vollständig bearbeitete Auflage. Springer: Berlin

BfR (Bundesinstitut für Risikobewertung) (2007): Hyperaktivität und Zusatzstoffe – gibt es einen Zusammenhang? Stellungnahme Nr. 040/2007 des BfR vom 13. September 2007.
http://www.bfr.bund.de/cm/208/hyperaktivitaet_und_zusatzstoffe_gibt_es_eine n_zusammenhang.pdf (18.11.2008)
BfR (Bundesinstitut für Risikobewertung) (2004): Nutzen und Risiken der Jodmangelprophylaxe in Deutschland. Aktualisierte Stellungnahme des BfR vom 1. Juni 2004.
http://www.bfr.bund.de/cm/208/nutzen_und_risiken_der_jodprophylaxe_in_de utschland.pdf (18.11.2008)

BfR (Bundesinstitut für Risikobewertung) (2006): Jod, Folsäure und Schwangerschaft – Ratschläge für Ärzte.
http://www.bfr.bund.de/cm/238/jod_folsaeure_und_schwangerschaft_ratschlae ge_fuer_aerzte.pdf

BfR (Bundesinstitut für Risikobewertung) (2005): Hinweise auf eine mögliche Bildung von Benzol aus Benzoesäure in Lebensmitteln. Stellungnahme Nr. 013/2006 des BfR vom 1. Dezember 2005.
http://www.bfr.bund.de/cm/208/hinweise_auf_eine_moegliche_bildung_von_b enzol_aus_benzoesaeure_in_lebensmitteln.pdf (18.11.2008)

BfArM (2002): BfArM und BgVV warnen: Nahrungsergänzungsmittel aus AFA-Algen können keine medizinische Therapie ersetzen. *Gemeinsame Pressemitteilung des Bundesinstituts für Arzneimittel und Medizinprodukte (BfArM) sowie des Bundesinstituts für gesundheitlichen Verbraucherschutz*

und Veterinärmedizin (BgVV):
http://www.bfarm.de/nn_1194774/DE/BfArM/Presse/mitteil2002/pm04-
2002.html (18.11.2008)

Biederman J, Ball SW, Monuteaux MC, Sturman CB, Johnson JL, Zeitlin S
(2007): Are girls with ADHD at risk for eating disorders? Results from a
controlled, five-year prospective study. J Dev Behav Pediatr; 28: 302-307

Bilici M, Yıldırım F, Kandil S, Bekaroğlu M, Yıldırmış S, Değer O, Ülgen M,
Yıldıran A, Aksu H (2004): Double-blind, placebo-controlled study of zinc
sulfate in the treatment of attention deficit hyperactivity disorder. Progress in
Neuro-Psychopharmacology & Biological Psychiatry; 28: 181– 190

Bundesamt für Gesundheit, Direktionsbereich Verbraucherschutz, Abteilung
Lebensmittelsicherheit, Sektion Chemische Risiken (2006): Beurteilung des
Risikos von Benzen (Benzol) in alkoholfreien Getränken, insbesondere
Limonaden.
http://www.bag.admin.ch/themen/lebensmittel/04861/04910/index.html?lang=d
e&download=M3wBUQCu/8ulmKDu36WenojQ1NTTjaXZnqWfVpzLhmfhnapm
mc7Zi6rZnqCkkIZ1gXh/bKbXrZ2lhtTN34al3p6YrY7P1oah162apo3X1cjYh2+h
oJVn6w (18.11.2008)

Bundesärztekammer (2005): Stellungnahme zur „Aufmerksamkeitsdefizit-/
Hyperaktivitätsstörung (ADHS)". Langfassung.
http://www.bundesaerztekammer.de/downloads/ADHSLang.pdf (18.11.2008)
Bundesverband Verbraucherinitiative e.V (o. J.).: Informationen zu
Lebensmittelzusatzstoffen. http://www.zusatzstoffe-online.de/zusatzstoffe/
(18.11.2008)

Burgess JR, Stevens L, Zhang W, Peck L (2000): Long-chain polyunsaturated
fatty acids in children with attention-deficit hyperactivity disorder. Am J Clin
Nutr; 71: 327S-330S

BV AÜK (Bundesverband Arbeitskreis Überaktives Kind) (o.J.): Die Geschichte des BV AÜK. http://www.bv-auek.de/Seiten/Bundesverband/Geschichte.html (18.11.2008)

Carter S, Syed-Sabir H (2008):How to use: a rating score to diagnose attention deficit hyperactivity disorder. Arch. Dis. Child. Ed. Pract.;93;159-162

Colter AL, Cutler, Meckling CKA (2008): Fatty acid status and behavioural symptoms of Attention Deficit Hyperactivity Disorder in adolescents: A case-control study. Nutrition Journal; 7: 8-18

Cortese S, Bernardina BD, Mouren MC (2007): Attention-deficit/hyperactivity disorder (ADHD) and binge eating. Nutrition Reviews; 65: 404–411

Cortese S, Lecendeux M, Bernardina BD, Mouren MC, Sbarbati A, Konofal E (2008): Attention-deficit/hyperactivity disorder, Tourette's syndrome, and restless legs syndrome: The iron hypothesis. Medical Hypotheses;70: 1128–1132

COT (Committee on Toxicity in Food, Consumer Products and the Environment) (2007): Statement on research project (T07040) investigating the effect of mixtures of certain food colours and a preservative on behaviour in children. http://cot.food.gov.uk/pdfs/colpreschil.pdf (18.11.2008)

COT (Committee on Toxicity in Food, Consumer Products and the Environment) (2006): Statement on food additives and developmental neurotoxicity. http://cot.food.gov.uk/pdfs/cotstatementadditives.pdf (18.11.2008)COT (Committee on Toxicity in Food, Consumer Products and the Environment) (2001): Statement on a research project investigating the effect of food additives on behaviour. http://cot.food.gov.uk/pdfs/COTFoodAdditivesStatement.pdf (18.11.2008)

Crinella FM (2003): Does soy-based infant formula cause ADHD? Expert Rev. Neurotherapeutics; 3: 145-148

Daniel H, Erll G (1991): -Casomorphine und andere opioidwirksame Peptide
aus Nahrungsproteinen. In: Baerlocher K, Jelinek J (Hg.): Ernährung und
Verhalten. Ein Beitrag zum Problem kindlicher Verhaltensstörung. Stuttgart:
Thieme, 49-57

Daniel H (1991): Risiken diätetischer Maßnahmen – eine
ernährungsphysiologische Bewertung. In: Baerlocher K, Jelinek J (Hg.):
Ernährung und Verhalten. Ein Beitrag zum Problem kindlicher
Verhaltensstörung. Stuttgart: Thieme, 110-117

Das Banerjee T, Middleton F, Faraone SV (2007): Environmental risk factors
for attention-deficit hyperactivity disorder. Review article; Foundation Acta
Pædiatrica/*Acta Pædiatrica*; 96: 1269–1274

Dengate S, Ruben A (2002): Controlled trial of cumulative behavioural effects
of a common bread preservative. J. Paediatr. Child Health; 38: 373–376

DGE-Arbeitsgruppe „Diätetik in der Allergologie" (2004):
Begriffsbestimmungen und Abgrenzung von Lebensmittel-Unverträglichkeiten.
DGEinfo; 2: 19–23

DGE (Deutsche Gesellschaft für Ernährung) (2000): Referenzwerte für die
Nährstoffzufuhr. 1. Auflage, 2. korrigierter Nachdruck 2001. Frankfurt a. M.:
Umschau/Braus

Döpfner M, Breuer D, Schürmann S, Wolff Metternich T, Rademacher C,
Lehmkuhl G (2004): Effectiveness of an adaptive multimodal treatment in
children with Attention-Deficit Hyperactivity Disorder – global outcome. Eur
Child Adolesc Psychiatry [Suppl 1]; 13:I/117–I/129

Döpfner M (2000):Hyperkinetische Störungen. Hogrefe: Göttingen

Döpfner M (o.J.): Kölner Adaptive Multimodale Therapiestudie.
http://www.zentrales-adhs-
netz.de/i/aktuelles1.php?sess_id=ce2d5a453cf10c660859cfdb30548c69&link_
id=;3;1;# (18.11.2008)
Dr. Oetker (o. J): Original Backin Backpulver. Zutaten (Packungsangabe,
Stand: 2008)

EFSA (European Food Security Authority) (2008a): Former Panel on additives,
flavourings, processing aids and materials in contact with food.
http://www.efsa.europa.eu/EFSA/ScientificPanels/efsa_locale-
1178620753812_AFC.htm (18.11.2008)

EFSA (European Food Security Authority) (2008b): Assessment of the results
of the study by McCann *et al.* (2007) on the effect of some colours and sodium
benzoate on children's behaviour. Scientific opinion of the Panel on Food
Additives, Flavourings, Processing Aids and Food Contact Materials (AFC).
Adopted on 7 March 2008.
http://www.efsa.europa.eu/EFSA/Scientific_Opinion/afc_ej660_McCann_study
_op_en.pdf (18.11.2008)

EFSA (European Food Security Authority) (2007a): EFSA to consider new UK
study on behavioural changes associated with certain food colours. EFSA
Statement. Internet: http://www.efsa.europa.eu/EFSA/efsa_locale-
1178620753812_1178637756847.htm (18.11.2008)

EFSA (European Food Security Authority) (2007b): Opinion of the Scientific
Panel on Food Additives, Flavourings, Processing Aids and Materials in
Contact with Food on the food colour Red 2G (E128) based on a request from
the Commission related to the re-evaluation of all permitted food additives.
Question number EFSA-Q-2007-126.
http://www.efsa.europa.eu/EFSA/Scientific_Opinion/afc_ej515_red2g_op_en,0
.pdf (18.11.2008)

EFSA (European Food Security Authority) (2005): Opinion of the Scientific Panel on Dietetic Products, Nutrition and Allergies on a request from the Commission related to the tolerable upper intake level of phosphorus (request N° EFSA-Q-2003-018). EFSA Journal; 233: 1-19

Egger J, Stolla A, McEwan ML (1992): Controlled trial of hypersensitisation in children with food-induces hyperkinetic syndrome. Lancet; 339: 1150-1153

Egger J (1991): Das hyperkinetische Syndrom: Ätiologie, Diagnose und Therapie unter besonderer Berücksichtigung der Ernährung. In: In: Baerlocher K, Jelinek J (Hg.): Ernährung und Verhalten. Ein Beitrag zum Problem kindlicher Verhaltensstörung. Stuttgart: Thieme, 82-91
Egger J, Graham J, Carter CM, Gumley D, Soothill JF (1985): Controlled trial of oligoantigenic treatment in the hyperkinetic syndrome. Lancet; 325: 540-545

Europäische Kommission (2007) : Verordnung (EG) Nr. 884/2007 der Kommission vom 26. Juli 2007 über Dringlichkeitsmaßnahmen zur Aussetzung der Verwendung von E 128 Rot 2G als Lebensmittelfarbstoff. http://eur-lex.europa.eu/LexUriServ/site/de/oj/2007/l_195/l_19520070727de00080009.pdf (18.11.2008)

Faraji S (2007): Biomedizinische Untersuchungen und Behandlungsmethoden beim Autistischen Syndrom und AD(H)D. Grundlagen und Praxis. Wetzlar

Faraone SV, Biederman J (1998): Neurobiology of attention-deficit hyperactivity disorder. Review Article. Biol Psychiatry 1998;44, 951–958
Feingold BF (1975): Why Your Child Is Hyperactive. Toronto: Random House

FHF (Associate Parliamentary Food and Health Forum) (2008): The links between diet and behaviour. The influence of nutrition on mental health. Report of an inquiry held by the Associate Parliamentary Food and Health Forum, January 2008.

http://www.dietitiansmentalhealthgroup.org.uk/uploads/FHF%20inquiry%20rep
ort%20-
%20The%20Links%20Between%20Diet%20and%20Behaviour%20(January%
202008)1%5B1%5D.pdf (18.11.2008)

Frank MJ, Santamaria A, O´Reilly RC, Willcut E (2007): Testing computational
models of dopamine and noradrenaline dysfunction in attention
deficit/hyperactivity disorder. Neuropsychopharmacology; 32: 1583–1599

FSA (Food Standards Agency) (2008): Food Standards Agency
communications on food additives and children´s behaviour. Report. Cragg
Ross Dawson Quality Research, London.
http://www.food.gov.uk/multimedia/pdfs/board/fsa080404a5.pdf (18.11.2008)

Garten H (2001): Säure-Basen-Haushalt – eine Studie zur Evaluierung
verschiedener Messmethoden. Teil 3. Originalia EHK 3/2001: 155-165

Gershon J (2002): A meta-analytic review of gender differences in ADHD. J
Atten Disord; 5: 143-154
Hafer H (1986): Die heimliche Droge Nahrungsphosphat. Ursache für
Verhaltensstörungen, Schulversagen und Jugendkriminalität. 4.,
neubearbeitete Auflage. Heidelberg: Kriminalistik Verlag

Harding K, Judah RD, Gant C (2003): Outcome-based comparison of Ritalin®
versus food-supplement treated children with AD/HD. Altern Med Rev 2003; 8:
319-330

Heindl I (2003): AD(H)S-Problematik – Aspekte von Erziehung und Ernährung.
http://www.bv-auek.de/Seiten/Leseecke/Heindl-
AspekteVonErziehungUndErnaehrung-1004.pdf (18.11.2008)

Hiedl S (2004): Duodenale VIP-Rezeptoren in der Dünndarmmukosa bei
Kindern mit nahrungsmittelinduziertem hyperkinetischen Syndrom.

Dissertation. http://edoc.ub.uni-muenchen.de/2089/1/Hiedl_Stephan.pdf
(18.11.2006)

Hill P, Taylor E (2001): An auditable protocol for treating attention
deficit/hyperactivity disorder. Arch Dis Child; 84: 404–409

Hirayama S, Hamazaki T, Terasawa K (2004): Effect of docosahexaonic acid-
containing food administration on symptoms of attention-deficit/hyperactivity
disorder – a placebo-controlled, double-blind study. European Journal of
Clinical Nutrition 58; 467-473

Holtkamp K, Konrad K, Müller B, Heussen N, Herpetz S, Herpertz-Dahlmann
B, Hebebrand J (2004): Overweight and obesity in children with attention-
deficit/hyperactivity disorder. International Journal of Obesity; 28: 685–689

Homann H (2003): Sind angemessenes Verhalten, Konzentration und
Aufmerksamkeit doch essbar?? Möglichkeiten und Grenzen einer Diät bei
ADS. http://www.bv-auek.de/Seiten/Leseecke/Homann.pdf (18.11.2008)

Homuth K (1999): Ernährungsumstellung – eine Chance für mein hyperaktives
Kind. Ein Erfahrungsbericht. Pala: Darmstadt

Huss M, Högl B (2005): Die ADHD-Profilstudie. Ein Bild von ADHS in
Deutschland. die AKZENTE; Nr. 67/68: 2-5

Informationsdienst für Ärzte und Apotheker (2005): Atomoxetin (Strattera) bei
ADHS. Arznei-Telegramm; 36: 33-35

Jacobson M, Schardt D (1999): Diet, ADHD & behavior. A quarter century
review. Center for Science in the Public Interest, Washington D.C.
http://www.cspinet.org/new/pdf/dyesreschbk.pdf (18.11.2008)

Jensen PS, Martin D, Cantwell DP (1997): Comorbidity in ADHD: implications for
research, practice, and DSM-V. J Am Acad Child Adolesc Psychiatry; 36: 1065-1079

Jensen PS, Arnold LE, Swanson JM, Vitiello B, Abikoff HB, Greenhill LL, Hechtman L, Hinshaw SP, Pelham WE, Wells KC, Conners CK, Elliott GR, Epstein JM, Hoza B, March JS, Molina BSG, Newcorn JH, Severe JB, Wigal T, Gibbons RD, Hur K (2007): 3-year follow-up of the NIMH MTA Study. J. Am. Acad. Child Adolesc. Psychiatry; 46: 989-1002

Jiun-Rong C, Shiou-Fung H, Cheng-Dien H, Lih-Hsueh H, Suh-Ching Y (2004): Dietary patterns and blood fatty acid composition in children with attention-deficit hyperactivity disorder in Taiwan. Journal of Nutritional Biochemistry; 15: 467–472

Johnson M, Östlund S, Fransson G, Kadesjö B, Gillberg C (2008): Omega-3/omega-6 fatty acids for attention deficit hyperactivity disorder. A randomized placebo-controlled trial in children and adolescents. Journal of Attention Disorders OnlineFirst; doi:10.1177/1087054708316261

Joshi K, Ld S, Kale M, Patwerdhan B, Mahadik SP, Patni B, Chaudhari A, Bhave S, Pandit A (2006): Supplementation with flax oil and vitamin C improves the outcome of attention deficit disorder. Prostaglandins, Leukotrienes and Essential Fatty Acids; 74: 17-21

Kamsteeg J (2002): HPU – eine angeborene Porphyrinopathie. Zeitschrift für Umweltmedizin; 10, Heft 3: 1-2

Kleine-Tebbe J, Lepp U, Niggemann B, Werfel T (2005): Nahrungsmittelallergie und - unverträglichkeit: Bewährte statt nicht evaluierte Diagnostik. Deutsches Ärzteblatt; 102: A1965-A1969

Konofal E, Lecendreux M, Deron J, Marchand M, Cortese S, Zaïm M, Mouren MC, Arnulf I (2008): Effects of iron supplementation on attention deficit hyperactivity disorder in children. Pediatr Neurol; 38: 20-26

Konofal E, Cortese S, Marchand M, Mouren MC, Arnulf I, Lecendreux M (2007): Impact of restless legs syndrome and iron deficiency on attention-deficit/hyperactivity disorder in children. Sleep Medicine; 8: 711–715

Konofal E, Lecendreux M, Arnulf I, Mouren MC (2004): Iron deficiency in children with attention-deficit/hyperactivity disorder. Arch Pediatr Adolesc Med; 158: 1113-1115

Kooistra L, Crawford S, van Baar A, Brouwers E, Pop VJ (2005): Neonatal effects of maternal hypothyroxinemia. Pedriatics; 117: 161-167

Kordas K, Stoltzfus RJ, Lopez P, Rico JA, Rosado JL (2005): Iron and zinc supplementation does not improve parent or teacher ratings of behavior in first grade mexican children exposed to lead. J Pediatr; 147: 632-639

Krause K-H, Krause J (2007): Neurobiologische Grundlagen der Aufmerksamkeitsdefizit-/Hyperaktivitätsstörung. Ein Update. psychoneuro; 33: 404–410

Lukas WD, Campbell BC (1999): Evolutionary and ecological aspects of early brain malnutrition in humans. Human Nature; 11: 1-26

Luppa M (2002): Ausgleich belastungsbedingter L-Carnitinverluste mit der Nahrung schützt vor vielfältigen Funktionsstörungen. Klinische Sportmedizin/Clinical Sports Medicine – Germany; 3: 61-67

McCann D, Barrett A, Cooper A, Crumpler D, Dalen L, Grimshaw K, Kitchin E, Lok K, Porteous L, Prince E, Sonuga-Barke E, Warner JO, Stevenson J (2007): Food additives and hyperactive behaviour in 3-year-old and 8/9-year-old children in the community: a randomised, double-blinded, placebo-controlled trial. Lancet; 370: 1560-1567

Mensink GBM, Heseker H, Richter A, Stahl A, Vohmann C (2007): Ernährungsstudie als KiGGS-Modul (EsKiMo). Forschungsbericht. Im Auftrag des Bundesministerium für Ernährung, Landwirtschaft und Verbraucherschutz. http://www.bmelv.de/nn_885416/SharedDocs/downloads/03-Ernaehrung/EsKiMoStudie,templateId=raw,property=publicationFile.pdf/EsKiMoStudie.pdf (18.11.2008)

Meyer R (2001): Nahrungsmittelinduzierte ADHD-Symptomatik. Aktualisierte Version vom 28.02.07. http://www.bv-

auek.de/Seiten/Leseecke/NahrungsmittelinduziertesADHD-280207.pdf
(18.11.2008)

Millichap JG (2004): Etiologic classification of attention-deficit/hyperactivity
disorder. Pedriatics; doi:10.1542/peds.2007-1332

NLM (National Library of Medicine) (o. J): Chem IDplus Lite.
http://chem.sis.nlm.nih.gov/chemidplus/ProxyServlet?objectHandle=DBMaint&acti
onHandle=default&nextPage=jsp/chemidlite/ResultScreen.jsp&TXTSUPERLISTI
D=000051616 (18.11.2008)

Mousain-Bosc M, Roche M, Polge A, Pradal-Prati D, Rapin J, Bali J-P (2006):
Improvement of neurobehavioral disorders in children supplemented with
magnesium-vitamin B6. I. Attention deficit hyperactivity disorders. Magnesium
Research; 19: 46-52

Mousain-Bosc M, Roche M, Rapin J, Bali J-P (2004): Magnesium VitB6 intake
reduces central nervous system hyperexcitability in children. Journal of the
American College of Nutrition; 23: 545S–548S

Niederhofer H, Pittschieler K (2006): A preliminary investigation of ADHD
symptoms in patients with celiac disease. J. of Att. Dis.; 10: 200-204

Novartis Pharma GmbH. (2007): Gebrauchsinformation: Information für den
Anwender. Ritalin 10 mg Tabletten (Methylphenidat Hydrochlorid). Stand:
September 2007. Wien

Oner O, Alkar OY, Oner P (2008): Relation of ferritin levels with symptom ratings
and cognitive performance in children with attention deficit – hyperactivity
disorder. Pediatrics International; 50: 40–44

Ottoboni N, Ottoboni A (2003): Can attention deficit-hyperactivity disorder result
from nutritional deficiency? Journal of American Physicians and Surgeons; 8: 58-
60

Panzer B (2006): ADHD and childhood obesity. Guilford Press. The ADHD
Report; 2006: 9-16

Pelsser LMJ, Frankena K, Toorman J, Savelkoul HFJ, Pereira RR, Buitlaar JK
(2008): A randomised controlled trial into the effects of food on ADHD. Eur Child
Adolesc Psychiatry; 21.04.2008 (Epub ahead of print).
http://www.adhdenvoeding.nl/uploads/File/ADHD_and_Food,_ECAP_2008,_Pels
ser_et_al.pdf (18.11.2008)

Pelsser LMJ, Buitelaar JK (2002): Der günstige Einfluss einer standardisierten
Eliminationsdiät auf das Verhalten jüngerer Kinder mit Aufmerksamkeits-Defizit-
Syndrom (ADHD), eine explorative Untersuchung. Aus dem Niederländischen
übersetzt von de Koop M und Müller C. http://www.bv-
auek.de/Seiten/ADHD/Nahrungsmittelinduziertes_ADHD/PelsserOriginaluntersuc
hung2003.pdf (18.11.2008)

Preis H (2006): Zur Frage des Einflusses von Nahrungsmitteln und
Nahrungsmittelzusatzstoffen auf das Verhalten von Kindern mit
Aufmerksamkeitsdefiziten und Hyperaktivitätsstörungen. The influence of food
and food additives on the behaviour of children with attention-deficit and
hyperactivity disorder. Ludwigshafen: Verlag für Medienpraxis und Kulturarbeit

Preis H (1999): Einfluß von Nahrungsmitteln auf das Verhalten von Kindern mit
Aufmerksamkeitsdefiziten und Hyperaktivitätsstörungen. Influence of food stuffs
on the behaviour of children with attention-deficit and hyperactivity disorder.
Ludwigshafen: Verlag für Medienpraxis und Kulturarbeit

Pzyrembel H, Schwenk M (2007): Die (Krypto-)Pyrrolurie in der Umweltmedizin:
eine valide Diagnose? Mitteilung der Kommission „Methoden und
Qualitätssicherung in der Umweltmedizin". Bundesgesundheitsbl -
Gesundheitsforsch – Gesundheitsschutz 50: 1324-1330

Rapp D (1991): Is This Your Child? Discovering and Treating Unrecognized
Allergies in Children and Adults. Quill: New York

Reese I ,Binder C, Bunselmeyer B,Cnstien A, Kugler C, Körner U, Schäfer C,
Werning A, Ziegert M (2006): Eliminationsdiäten bei Nahrungmittelallergie und
anderen Unverträglichkeitsreaktionen. In: Werfel T, Reese I (Hg.): Diätetik in der
Allergologie. Diätvorschläge, Positionspapiere und Leitlinien zu
Nahrunsmittelallergie und anderen Unverträglichkeiten. München: Dustri, 1-5

Reuter P (2004): Springer Lexikon Medizin. Berlin: Springer

Richardson AJ (2003): The importance of omega-3 fatty acids for behaviour, cognition and mood. Scandinavian Journal of Nutrition; 47: 92-98

Richardson AJ (2002): Fatty acids in dyslexia, dyspraxia and ADHD. Can nutrition help? Food and Behaviour Research.
http://www.productivitybooster.com/downloads/Adhd/richardson.pdf (18.11.2008)

Ritzka M (2006): Öl aus marinen Mikroalgen als Quelle für Omega-3-Fettsäuren.
http://www.waswiressen.de/verbraucher/novel_food_6458.php (18.11.2008)

Rona RJ, Keil T, Summers C, Gislason D, Zuidmeer L, Soldergren E, Sigurdardottir ST, Lindner T, Goldhahn K, Dahlstrom J, McBride D, Madsen C (2007): The prevalence of food allergy: A meta-analysis. J Allergy Clin Immunol;120: 638-46

Schab DW, Trinh N-HAT (2004): Do artificial food colors promote hyperactivity in children with hyperactive syndromes? A meta-analysis of double-blind placebo-controlled trials. Review article. J Dev Behav Pediatr; 25:423-434

Schlack R, Holling H, Kurth B-M, Huss M (2007): Die Prävalenz der Aufmerksamkeitsdefizit-/Hyperativitätsstörung (ADHS) bei Kindern und Jugendlichen in Deutschland. Erste Ergebnisse aus dem Kinder- und Jugendgesundheitssurvey (KiGGS). Bundesgesundheitsbl – Gesundheitsforsch – Gesundheitsschutz; 50: 827-835

Schmidt ME, Kruesi MJP, Elia J, Borcherding BG, Elin RJ, Hosseini JM, McFarlin KE, Hamburger S (1994): Effect of dextroamphetamine and methylphenidate on calcium and magnesium concentration in hyperactive boys. Psychiatry Research, 54: 199-210

Schnoll R, Burshteyn D, Cea-Aravena J (2003): Nutrition in the treatment of attention-deficit hyperactivity disorder: A neglected but important aspect. Applied Psychophysiology and Biofeedback; 28: 63-75

Shattock P, Whiteley P (2002): Biochemical aspects in autism spectrum disorders: updating the opioid-excess theory and presenting new opportunities for biomedical intervention. Expert Opin. Ther. Targets; 6(2):1-9

Sinn N (2008a): Cognitve effects of polyunsaturated fatty acids in children with attention deficit hyperactivity disorder symptoms: A randomized controlled trial. Prostaglandins, Leukotrienes and Essential Fatty Acids; 78: 311-326

Sinn N (2008b): Nutritional and dietary influences on attention deficit hyperactivity disorder. Nutrition Reviews; 66: 558-568

Sinn N, Howe PRC (2008): Health benefits of omega-3 fatty acids may be mediated by improvements in cerebral vascular function. Bioscience Hypotheses;1:103-108

Smith TJ (2008): Update on artificial food colours. http://www.foodstandards.gov.uk/multimedia/pdfs/coloursletter.pdf (18.11.2008)

Soldin OP, Nandedkar AKN, Japal KM, Stein M, Mosee S, Magrab P, Lai S, Lamm SH (2002): Newborn thyroxine levels and childhood ADHD. Clinical Biochemistry; 35, 131–136

Sorgi PJ, Hallowell EM, Hutchins HL, Sears B (2007): Effects of an open-label pilot study with high dose EPA/DHA concentrates on plasma phospholipids and behavior in childen with attention deficit hyperactivity disorder. Nutrition Journal; 6: 16. http://www.nutritionj.com/content/6/1/16 (18.11.2008)

Stevenson J, Sonuga-Barke E, Warner J (2007): Chronic and acute effects of artificial colours and preservatives on children´s behaviour. Project code: T07040. School of Psychology, University of Southampton. http://www.food.gov.uk/multimedia/pdfs/additivesbehaviourfinrep.pdf (18.11.2008)

Swaminathan R (2003): Magnesium metabolism and its disorders. Clin Biochem Rev; 24: 47-66

Swanson J, Arnold LE, Kraemer H, Hechtman L, Molina B, Hinshaw S, Vitiello B, Jensen P, Steinhoff K, Lerner M, Greenhill L, Abikoff H, Wells K, Epstein J, Elliott G, Newcorn J, Hoza B, Wigal T (2008): Evidence, interpretation, and qualification from multiple reports of long-term outcomes in the Multimodal Treatment Study of Children with ADHD (MTA): Part II: Supporting details. J Atten Disord; 12: 15-44

Taylor E, Doepfner M, Sergeant J, Asherton P, Banaschewski T, Buitelaar J, Coghill D, Danckaerts M, Rothenberger A, Sonuga-Barke E, Steinhausen H-C, Zuddas A (2004): European clinical guidelines for hyperkinetic disorders. A first upgrade. Eur Child Adolesc Psychiatry; 13 (suppl 1):I/7-I/30

Uhlig T, Merkenschlager A, Brandmaier R, Egger J (1997): Topographic mapping of brain electrical activity in children with food-induced attention deficit hyperkinetic disorder. Eur J Pediatr;156: 557- 561

Vaisman N, Kaysar N, Zaruk-Adasha Y, Pelled D, Brichon G, Zwingelstein G, Bodennec J (2008): Correlation between changes in blood fatty acid composition and visual sustained attention performance in children with inattention: effect of dietary n-3 fatty acids containing phospholipids. Am J Clin Nutr; 87: 1170-1180

Van Outheusden LJ, Scholte HR (2002): Efficiacy in the treatment of children with attention-deficit hyperactivity disorder. Prostaglandins, Leukotriens and Essential Fatty Acids; 67: 33-38

Verbraucherzentrale Hessen (2008): „Azofarbstoffe und Chinolingelb in Süßigkeiten und Softdrinks für Kinder". Untersuchungsbericht zum Marktcheck. http://www.verbraucher.de/download/BerichtAzofarbstoffe.pdf (18.11.2008)

Vermiglio F, Lo Presti VP, Moleti M, Sidoti M, Tortorella G, Scaffidi G, Castagna MG, Mattina F, Violi MA, Crisa A, Artemisia A, Trimarchi F (2004): Attention deficit and hyperactivity disorders in the offspring of mothers exposed to mild-moderate iodine deficiency: a possible novel iodine deficiency. J Clin Endocrinol Metab; 89: 6054–6060

Vetter VL., Elia J, Erickson C, Berger S, Blum N., Uzark K, Webb CL (2008): Cardiovascular monitoring of children and adolescents with heart disease receiving stimulant drugs. A scientific statement from the American Heart Association Council on Cardiovascular Disease in the Young Congenital Cardiac Defects Committee and the Council on Cardiovascular Nursing. Circulation, published online Apr 21, 2008; doi: 10.1161/CIRCULATIONAHA.107.189473

Weiland U, Widenhorn-Müller K (2008): Langkettige mehrfach ungesättigte Fettsäuren – eine zusätzliche Behandlungsmöglichkeit bei Kindern mit ADHS? Nervenheilkunde; 9: 789-793

Welt Online (2008): EU geht gegen Lebensmittelfarben vor. 9. Juli 2008, 04.00 Uhr. http://www.welt.de/welt_print/article2193102/EU_geht_gegen_Lebensmittelfarben _vor.html (18.11.2008)

Werfel T, Wedi B, Kleine-Tebbe J, Niggemann B, Saloga J, Sennekamp J Vieluf I, Vieths S, Zuberbier T, Jäger L (2006): Vorgehen bei Verdacht auf eine pseudoallergische Reaktion durch Nahrungsmittelinhaltsstoffe. In: Werfel T, Reese I (Hg.): Diätetik in der Allergologie. Diätvorschläge, Positionspapiere und Leitlinien zu Nahrungsmittelallergie und anderen Unverträglichkeiten. München: Dustri, 145-152

Williamson CS (2008): Food additives and hyperactivity in children. Facts behind the headlines. British Nutrition Foundation, London. Nutrition Bulletin; 33: 4–7

Wüthrich B (2008): Begriffsbestimmung. In: Jäger L, Wüthrich B, Ballmer-Weber B, Vieths S (Hg.)(2008): Nahrungsmittelallergien und –intoleranzen. Immunologie – Diagnostik – Therapie - Prophylaxe. 3. Auflage. München: Urban & Fischer, 1-5

Wüthrich B, Frei PC, Bircher A, Dayer E, Hauser C, Pichler W, Schmid-Grendelmeier P, Spertini F, Olgiati D, Müller U (2005): Sinnlose Allergietests. Stellungnahme der Fachkommission der Schweizerischen Gesellschaft für Allergologie und Immunologie (SGAI) zur IgG/IG4-Bestimmung gegen Nahrungsmittel. Schweizerische Ärztezeitung; 86: 1565-1568

Zametkin AJ, Nordahl TE, Gross M, King AC, Semple WE, Rumsey J, Hamburger S, Cohen RM (1990): Cerebral glucose metabolism in adults with hyperactivity of childhood onset New England Journal of Medicine; 323: 1361-1366

Zelnik N, Pacht A, Obeit R, Lerner A (2004): Range of neurologic disorders in patients with celiac disease. Pediatrics; 113: 1672-1676

Zimmerman M (1999): The A.D.D. Nutrition Solution. A Drug-free 30-Day Plan. Owl Books: New York

BEI GRIN MACHT SICH IHR WISSEN BEZAHLT

- Wir veröffentlichen Ihre Hausarbeit, Bachelor- und Masterarbeit

- Ihr eigenes eBook und Buch - weltweit in allen wichtigen Shops

- Verdienen Sie an jedem Verkauf

Jetzt bei www.GRIN.com hochladen und kostenlos publizieren